東京「農」23区

髙橋淳子

文芸社

IT 企業が入る六本木ヒルズで実る稲穂、農業活性
化のキーワードはIT ?
港区六本木　2005.9.10

はじめに

東京に息づく「農」の姿を求めて撮り歩いてきました。
撮影時に持ち歩いた“東京23区の地図”は買った時の倍ぐらいの厚さまで膨らんでいます。
地図に記した丸印や書き込みを見るだけで、その時の天気、光線、作物、出会った人々など様々な思いが鮮明によみがえってきます。
「農」の果たす役割は計り知れません。健康な体をつくるだけでなく、豊かな心を作り、命の大切さをも伝えてくれます。
山椒は小粒でもぴりりと辛いですが、農地や田んぼが少なくなり、就農者が少なくなっても、東京23区は日本の農業の発信地であり続けてほしいと思っています。
東京23区の「農」にかかわる人々、野菜、畑の四季の姿を通して、都会の中で「農」に関わる人々の心意気を感じていただければ幸いです。

2007年春

地下２階に広がる端正な棚田。幻想的な光の中で稲が育つ未来型栽培。
千代田区大手町　2005. 3. 3

ろうきん
全労済

ビル間に浮かぶ農園。温暖化防止、
社員と地域住民の共生に力を発揮。
千代田区神田駿河台　2005.4.15

トマトの支柱を直しつつ
「今の楽しみは農園で汗
すること」と言っていた。
目黒区八雲　2005. 5. 10

運転も力仕事も精力的にこなす、細やかな心の持ち主の農婦。
江戸川区一之江　2005. 4. 30

親と育てたミニトマトの美味しさは、ただそれだけで立派な食育といえるでしょう。
品川区豊町　2005. 7. 16

無心にナスを収穫する少女。
北区浮間　2005. 8. 20

12頁左上：慣れないトマトの支柱立て。慎重に丁寧に作業する。
大田区千鳥
2005. 4. 24

12頁左下：直売所に出荷する甘味たっぷりの枝豆。ビールのつまみにはこれが最高。
葛飾区東水元
2005. 7. 18

12頁右上：ビルの真下の野菜畑。のどかな風景をつくり出す。
中央区月島
2005. 7. 15

12頁右下：粋なプランターは竹作り。ちょっぴり狭くて可哀想。
台東区谷中
2005. 5. 5

13頁上：初めての野菜作り。期待と不安が思わぬ表情を作る。
江戸川区東葛西
2005. 4. 30

13頁下：菜花の収穫はやっと苦労が報われる時。思わず笑顔に。
足立区東伊興
2005. 4. 19

東京辰巳国際水泳場隣の市民農園。黒いビニールで地面を覆う本格派もある。
江東区辰巳　2005. 6. 1

西武池袋線脇、斜陽が柔らかいキャベツの葉を照らす。
練馬区石神井　2005. 9. 16

道路脇に広がるキャベツ畑。見事に育ってうれしい限り。
中野区上鷺宮　2005. 6. 6

団地に隣接する市民農園。育てる難しさと収穫の喜びを実感する。
板橋区四葉　2005. 9. 3

建物に囲まれ太陽光がままならぬ畑で健気に生きる野菜苗。
墨田区文花　2005. 6. 13

細かく仕切られた市民農園と新幹線が往き来する。
品川区豊町　2005.5.24

古民家と田んぼ。懐かしさを求め休日は多くの親子づれで賑わう。
北区赤羽　2005.6.25

夕方は犬の散歩コース。多くの犬種に会える、ツツジに囲まれた田んぼ。
杉並区浜田山　2005. 6. 14

次大夫堀公園の田んぼの一つ。公園には幾つかの田んぼが点在する。
世田谷区喜多見　2005. 6. 14

都庁の前で繰り広げられる「農」の世界。絆を作り人を育てることでしょう。
新宿区西新宿　2005. 6. 4

1畳半ほどの田んぼ。子供ながら一生懸命に代掻き作業。
豊島区駒込　2005.5.14

トンボ捕り。都会にも確かに故郷があり、懐かしい風景がある。
新宿区西新宿　2005. 8. 6

稲作り体験。自分の苗よりも隣が気になる様子。
中央区日本橋小伝馬町　2005. 5. 13

田んぼに集まる子供。メダカ捕りにトンボ捕り夢中になって日が暮れる。
練馬区光が丘　2005.6.13

黄金色の稲穂が誘い風がさわめいて少年を招くレンゲの種蒔き。
足立区鹿浜　2005.10.1

大きな案山子に見守られた稲の収穫体験。子供たちの歓声が上がる。
板橋区四葉　2005. 9. 15

廃校になったプールで稲作り。子供たちは体験を
通して多くの事を学ぶ。
中央区日本橋小伝馬町　2005. 9. 9

後継者の息子に初めて耕耘機を指導する。今日は嬉しい親子の「記念日」。
世田谷区喜多見　2005.9.10

幾何学模様を思わす、ネギ畑のハウス。
葛飾区水元　2005.4.21

ダイコンを供え健康と一家和楽を祈念する「待乳山聖天大根まつり」。
台東区浅草　2006. 1. 7

大勢の人で賑わう生姜祭り。喉に良い生姜飴も屋台に並ぶ。
港区芝　2005. 9. 17

国の重要無形文化財「田遊び」。代掻きから収穫までを演じきる。
板橋区徳丸　2006. 2. 11

野菜の宝船。仮装コーナー、阿波踊り、大人も子供も盛り上がる「農業祭」。
板橋区赤塚　2005. 11. 12

地下２階でトマトの水耕栽培。銀色フィルムで異空間に迷い込んだよう。
千代田区大手町　2005. 3. 3

出版観察用の野菜栽培。時として憩いを与え、食
後のデザートに変身。
港区赤坂　2005. 8. 11

お洒落な布袋プランター。ダイコンの緑の葉っぱが覗いている。
渋谷区上原　2005. 6. 26

春を告げるフキノトウ。そこかしこに顔を出す駐車場。
文京区白山　2006. 1. 15

所狭しと並ぶミョウガのプランター。
渋谷区上原　2005. 6. 26

キウイフルーツの葉脈が逆光に透ける店先。
荒川区西日暮里　2005. 5. 5

一輪車に山と積まれたジャガイモ収穫。女子高生がお手伝い。
葛飾区東水元　2005. 7. 18

団地の敷地に開墾した畑。ゴーヤもスイカも味は格別。
江東区南砂　2005.9.3

愛嬌のある野菜たち。現役の井戸とは
珍しい。
豊島区駒込　2005. 7. 31

自然と顔が穏やかに。跡取り息子との
出荷準備。
杉並区井草　2006. 1. 24

寒い中、互いを気遣うサクラ草植え付け作業。
北区

先生、生徒、地域で団結のレンコン収穫祭。フィナーレは天ぷら料理に舌鼓。
江戸川区船堀　2005.11.23

ケルネル田圃「かかし祭」。会場にはマツケンサンバの案山子もお見え。
目黒区駒場　2005. 10. 2

伝統野菜「滝野川ゴボウ」友達と力をあわせ折らないように真剣そのもの。
北区滝野川　2005.11.2

青い空の下。ズシリと腹のすわったカボチャ。美味しさには自信あり。
世田谷区喜多見　2005. 6. 14

井の頭線脇。乗客に気付いて欲しいケルネル田圃の近代農業基礎作り。
目黒区駒場　2005. 8. 27

街路樹の根元に植え込まれた菜花。花芽を付けるのはもう間近。
荒川区荒川　2006. 1. 15

遊び心から始めたバケツ稲作。今ではオフィスに向かう人々に癒しの効果。
港区赤坂　2005. 9. 12

「農的暮らし」がスローガン。早稲田大学「農楽塾」、雨の中の稲刈り。
新宿区早稲田　2005. 9. 7

秋雲の下、頭を垂れる稲穂。もうすぐ収穫の時期を迎える。
北区赤羽　2005.9.3

首都高速脇の田んぼ。待ちに待った稲刈りの日。
次の楽しみはお餅つき。
足立区鹿浜　2005.10.1

都電荒川線線路脇の田んぼ。祭りの神輿で鳳凰がくわえる稲穂を収穫する世話人。
豊島区巣鴨　2005. 9. 16

夕日に染まる大きなカボチャ。畑を守る番人のように見えてくる。
練馬区石神井　2005. 9. 29

降りしきる雪。それでも高菜は“凛”として生きる。
江戸川区一之江　2006. 1. 21

柵に囲まれた農園。夕日の中で静かな時を迎える。
足立区鹿浜　2005. 12. 3

青白い光の中で育つ稲。東京大学農学部の研究用のハウスが「要塞」のように見えてきた。
文京区弥生　2006. 1. 15

東京「農」23区

私は「農」を撮っています。しかし初めから「農」をテーマとしていたわけではありません。
「平成の市町村大合併で、村がなくなる」とつぶやく老人の一言から、合併で消えてしまうかもしれない村の様子や、そこで生きる村人の「今」を残しておきたいと思い東京近郊の村を撮り始めました。
するとと私がそこで出会った村の人たちは、戦後間のない頃からの農業の担い手で、私たち消費者の食を支えてきた人たちでした。そしてそのほとんどが後継者のいない高齢の農家の人たちだったのです。後継者不足が現実にあるにも関わらず、畑で働く人々の表情は、おおらかで屈託がありませんでした。土とともに生きるということがそのような表情を生むのでしょうか。一カット一カット増えるごとに不思議な魅力を感じて撮り続け、いつしか私のテーマは「農」となっていました。
やがて「農」は健康や命にかかわることでありながら、人々から忘れられた価値あるテーマであることに気づくようになりました。そして、一人でも多くの人々が「農」に関心を持ち、「農業の問題」を「みんなの問題」として考える良い機会になればと、2004年に写真展「東京近郊で生きる農民たち」をペンタックスフォーラムで開催し、同年、東方出版より写真集「東京近郊農家」を刊行しました。このことは新聞各社、マスコミ等にも取りあげられ、想像を超える大きな反響をいただきました。
「東京近郊農家」に一区切りをつけた時、次のテーマとして浮かんだものは、中山間地域における棚田やのどかな原風景とは違った「農」の風景でした。日本の政治や経済、文化の中心ともいうべき「東京」、しかも「東京23区の農」でした。「高層ビル」と「農」を１枚の写真に収めることが出来たら、都民と農、都会の農景観などに面白さがあるのではと思ったのです。「東京近郊農家」とは違った形で、今度は写真的な面白さを加えた表現で撮りたいと思いました。

当初、歴史を正しく把握していなかった私は、「農」は政治や経済と違い、広い土地がある郊外や地方が、農業技術においても種類においても中心的存在だったのではないかと思っていました。しかし、東京、かつて幕府が開かれた江戸時代は参勤交代などで、関西などからも数多くの野菜の種子が入り、130万人もの人々が必要とする野菜作りを積極的に推し進めていた「農」の中心地だったのです。めずらしい物を好み、人より早く口にしたいという人々の願いにこたえるため、江戸農家（東京農家）は技術改良などの努力をし、優れた品種を作り出し、促成栽培などが盛んになった、という事実を知りました。江戸時代から明治、さらに少なくとも昭和初期ごろまでは、東京の農家が苦労の末に作りだし、各地で生産されるようになった野菜が沢山あり、日本の農業の先導役を果たしてきたのです。

その面影がみじんも感じられない現在の大都市東京で、今はどのような形で人々と「農」がかかわりを持っているのか、さらに興味が深まりました。

東京23区を撮ろうとした当初は戸惑いの連続でした。東京郊外ならいざ知らず、区役所などであらかたの情報を片手に現地に足を運んで、すぐそばまでたどり着いていても見つけられないのです。近くの住民に尋ねても、興味を持たない人々の目に、畑の存在、田んぼの存在は極めて希薄で見えていないのです。

田んぼも畑も無い地区は、プランターや鉢植えに目をキョロキョロさせて庭を覗き込むようにして探しました。庭に野菜が植えられているのを見つけたときには、ためらいながらも呼び鈴を鳴らし、事情を話して撮影させてもらいました。怪しげな行動にもかかわらず、よく警察に通報されなかったものだと思うほどです。

だいたい農地は交通の不便なところに残っているのが常です。千葉県在住の私は、電車やバスを乗り継いで出向くことになります。重いカメラバッグを肩に探しまわるのです。ようやく畑を見つけ出したとき、田んぼに出会ったときは、本当にうれしくなります。しかし探し出した途端に安堵感からか一気に疲れが出てしまい、撮影時に集中力を保つのがかなり厳しい状態が何回も続きました。

食育、スローフードという言葉を最近よく耳にします。正しい食事のあり方、野菜などの味そのものを大切に、ゆとりを持って食事を楽しむことの大切さを、子供のうちから学び、健康のあり方と食事のあり方を、改めて認識しようということのようです。かつての東京23区の「農」を思うとき、私がつくづく残念だと感じることがあります。東京の農家が努力して作っていた野菜で、今は作られなくなった優れた品種が沢山あるのです。東京の土地で育った味も形も豊かな個性を持った伝統野菜を、子供たちに食べさせてあげられないのは悲しいことです。私自身も、ニンジンでも癖があり、好きになったらこの味この形でなければ厭だというくらい個性的なニンジンを食べてみたいと思っています。ヘタを食べたら苦かったけれど、あのしっかりした味のキュウリはどこにいってしまったのでしょうか。

外食産業全盛期の今日、チェーン店などの、味の均一化、効率化、安定供給化、という大義名分のもとに野菜は個性をなくしてしまいました。誰の口にも合うように癖の無い味、香りの野菜たちが作られ食卓を飾ります。個性のない野菜は、どの料理にも程ほど合うのですが、どの料理にも中途半端なのです。種類の違い、形の違い、味の違いは、調理法の違いを生み、様々な栄養をとることと同時に、色々な素材の持ち味を最大限に楽しむことにほかならないのです。その楽しみも減ってきたように思うのです。

核家族化や住宅事情で食生活そのものの変化もそれに拍車を

かけました。大きなカボチャ、大きなスイカは敬遠され冷蔵庫のスペースに合わせて小さくなりました。消費者が1回で使い切るという観点から、あるデパートではニンニク2かけ、ミョウガ2つ、チンゲン菜1株、ピーマン1つ、ナス1つといったコーナーに人気があるのです。また、先日のニュースではイチゴ1粒のばら売りを紹介していました。しかもその1粒がパック詰めされるのです。包装に使用するプラスチックはリサイクルされると言っても回収率50%ほどで、残りは廃棄されてしまいます。そのリサイクル費用の7割は住民の税金が当てられているのです。地球環境の視点から考えても難しい問題を含んでいます。カット野菜も売り上げを伸ばしています。先ほどの小さなカボチャでさえカット売りが主流となっています。そのうち野菜の生育ばかりか、形そのものも判らないことになりはしないかと思うほどです。"おすそ分け"という潤滑油もなくなり、近隣との人間関係はますます希薄になってゆきそうです。

現在の促成栽培に行き過ぎということはないでしょうか。ハウスを加熱して季節外れの野菜を作ることは必要なことなのでしょうか。季節に合った野菜の旬を伸ばす程度の、ほどほどということも大事なことではないでしょうか。現在では多くの野菜が時期が来るまで待つことの楽しみを味わうことはなく、食べたいときはいつでも手に入るのです。

最近の子供たちは何かあるとカーッときて我慢するということが無く、すぐ"キレる"ということをよく聞きます。しかし、すぐ"キレる"のは、なにも子供たちばかりではなく、大の大人もキレやすいのです。季節まで待つ、旬を待つ、我慢ということに慣れていないことに、あながち関係がないとも言えないのではないでしょうか。"旬""季節"の意味をもう一度見直すことも必要だと思います。

果物は甘いものを求めて作り続けられてきました。しかし甘くない果物はどうでしょうか。今日、日本人は美食といわれるものを採り過ぎてきたせいか、糖尿病患者や高血圧、中性脂肪値が高い人が多くなっています。そのような人にも安心して食べられ甘さを控えた、しかも美味しい果物の開発等はできないのでしょうか。懐かしい味が逆に新鮮な味ということはないでしょうか。農業再生は安心、安全はもとより意外と、媚びる事のない頑固な個性ある野菜が、キーワードになるような気もします。最近ようやく、個性ある食材を使い、新しいメニューの開発で店舗の差別化を図る中食産業や外食産業も現れてきました。通常の入荷でなく、市場の流通にものらないインターネット取引を通じて食材を確保しているようです。付加価値のある野菜や果物はスーパーなどには並ばず、小さな流通の中でしか生きていないのでしょうか。小さな流通を大きな流通にのせることは不可能なのでしょうか。また可能だとしても農業再生としてはどうなのでしょうか。野菜の直売所が見直されています。しかし無人でつり銭も受け取れない、ただ料金箱が置いてある直売所でいいのでしょうか。インショップという、スーパー内などで野菜を販売している地元野菜の直売所などもありますが、しばらくすると、いつの間にか消えています。スーパーの野菜売り場においても足りなくなった野菜を補充する対応だけなのです。“野菜祭り”、“野菜フェスタ”等の特別な催し物の時だけでなく、日常の買い物の時にこそ、野菜作りのプロが、仕入れのプロが、生の声としての“情報”を集めたり発信することも必要だと思います。ＩＴ情報を上手に利用して出荷の仕方や売り方に工夫を凝らし効率よく販売成績を上げているところもあるのです。農水省は、ＩＴを活用して効率の高い農業経営の実現を目指す実験事業を全国に５カ所ほど立ちあげるとしています。センサーを使ってデータを蓄積、分析して無駄な農薬や肥料の散布を抑えて生産コストを削減し、屋内栽培では夏場でも冷房を使わずに水を継続的に散布する技術改良で経営コストを削減する植物工場のモデル作りをするとしています。こうして開発した技術やノウハウを民間に開放し、国内農業の競争力を高めさせ容易な自動化システムを普及させて新規参入を促し、農業の担い手不足の解消もしたいとしているのです。これからＩＴシステムは必要不可欠になってゆき、農業のあり方は大きく変わろうとしているように思います。しかしこの様な構想を実際に取り込むにはまず初めに「資金ありき」という思いをぬぐいきれません。農作業の効率化のために高価な機械を購入したもののその借金に苦しむといったことにはならないのでしょうか。

かつて日本の農業の発信地であった東京。複雑な農業問題について専門的な知識が無い私ですが、農家の人が言っていること、「農」に携わっている人々の思いを胸に東京の「農」の姿を追い続けてきました。

ここにきてようやく東京23区の全区で「農」に関わる人びとや畑、田んぼ、野菜の四季を写真に納めることが出来ました。

冷たいと思っていたコンクリートジャングルといわれる大都会の中でも「農」を核とした人々の営みが予想以上に多くの絆を作りだしていることに驚きと喜びを感じています。

東京23区の「農」は、色々な人々が関わりながら息づいていたのです。確かに、したたかに生きています。

「農」は人間が生きてゆくために必要な作物を作るだけにとどまらず、心を豊かにし、真の強さを育て、人との絆を深め、そして地球に優しいものだと思います。

私自身、農業に携わる人々に、また恵まれない環境の中でも必死に育とうとしている東京の野菜に何度も勇気付けられ、多くのことを学びました。

この写真集が、東京の「農」の果たす役割を改めて見直すきっかけになればと願っています。

高橋淳子

出会いと発見

■足立区

伊興

東京23区の「農」を撮り始めて間もない頃、「開かずの踏み切り」で有名な東武電車「竹ノ塚」で下車しました。足立区には畑があると聞いていたからです。何故「竹ノ塚」かといいますと地図を広げた時に緑色で塗られた部分が数多く点在していたので畑を探しやすいと思ったからです。後でわかったことですが緑色は畑を示すのではなくて大体が公園のことでした。地図の見方もおぼつかない私の「農」を探す旅はこのようにして始まっていったのです。その名の通り踏み切りはなかなか開きません。長いこと開かないので待っている間に、隣の婦人に「この辺に畑はありますか」と尋ねたところ「私の家の近くに畑があります。これから帰りますから案内してあげます」と、さいさきの良いスタートを切ることが出来ました。向かった先は道路を隔てたところにパチンコ屋があり、映画館の大きな看板が見える畑でした。柵に囲まれて真新しい木製の戸がついていました。中にはエダマメの苗が“きをつけ”をしているように整然と並んでいました。それから畑の所有者の家を教えてもらいました。私が訪ねてゆくと最初に「畑なら貸さないよ」と

足立区伊興　2005. 4. 19

言われました。どうやら畑を借りたいと思っている人が多くいるようで勘違いをされたのでした。足立区は菜花の栽培が盛んです。数ヶ月後その場所から大して離れていない畑で菜花の雑草を取っている男性に出会いました。「出荷の最盛期には、どしゃぶりの雨が降る中でも収穫するよ、稼ぎ時だからね。菜花づくりには自信があるんだ」と70歳を超えたその農夫は白い歯を覗かせ笑いながら言いました。収穫の時期を今から楽しみにしている様子です。

扇

ぐるりと塀で囲まれた田んぼがありました。水面には高層マンションが誇らしげにその姿を映していました。

保木間

20アール程の田んぼと畑がありました。所有者は今から半世紀ほど前、日本が開発途上国に対する技術国際協力を始めた直後の第一次日本農業使節団員の一人で、1956年に東パキスタン（現在のバングラデシュ）へ当時33歳で稲作技術指導に派遣された人です。田んぼは近くの小学生の体験教育に提供しています。自然に触れ、都市の中に自然の空間があるということがいかに必要で、大切な事か感じてもらい、小学生という純粋な時代の思い出にして欲しいと願っているのです。73歳になった現在も元気に畑で働いています。派遣された当時の現地の人々が日本式稲作法に驚いた様子などを、心地よい風が吹く桜の木の下で話してくれました。

鹿浜

都市農業公園内の施設には、自然環境館（公園内や周辺河川の自然を紹介し、身近な草木を使って工作を楽しむことができる）、芝生広場（約40種類の桜100本ほどが植えられている）、古民家・長屋門（区文化財指定で、古民家は江戸時代後期のもので昭和59年に、長屋門は明治30年頃のものを平成13年にそれぞれ移設したもの）、緑の相談所とハーブ園（植物に関する図書が沢山あり、園芸相談や植物観察会が催される)、工房棟(陶芸や紙すき、染色室があり陶芸教室が開催される)、農機具展示室(足立区内の農家で昔使われていた農具を展示)、レストラン(メニューは少ないがリーズナブルで家族連れ向け)などがあります。

収穫祭には何百円かの参加料で収穫体験が出来ます。ニンジンやサツマイモ、ネギの収穫体験には親子連れが長い列を作ります。また本格的に作る楽しみを味わいたい人には、土作りから育苗収穫まで農薬や化学肥料を使わない野菜作り教室や、田植えや稲刈りを体験することが出来る「イネづくり教室」が開催されています。「イネづくり教室」の日は、近県から農家の人が応援に来ます。

稲作りに参加した親子を撮らせていただき、後日写真をお送りしたところ、「当日はカメラを持参していなかったので、家族全員とても喜んでいます。私は生まれも育ちも足立区で実家は公園内にある古民家そのものです。かつて近くの水路や池で魚やザリガニを採ったり、畑の手伝いをしていました。田植えや稲刈りが懐かしく、少しでも自然と触れ合う機会を持ちたいと、このような催しに参加しました。人が生きるための原点である農業を撮られているのでしたら、後世にその時代の暖かさが伝わるものを沢山撮ってください」とお便りをいただきました。

「イネづくり教室」の最後の日は、自分たちの育てたもち米で餅つきをして締めくくりです。私は、小学生の女の子に作物を育てる大切さを知ってもらいたいと参加した若いお母さんから、きな粉餅を分けてもらいました。杵でついた餅は、大変コシがありました。スーパーで売られる餅に慣れている私は、いつもの調子で飲み込もうとしてあやうく喉に詰まらせてしまいそうになりました。スーパーで“100%国産もち米使用”と書いてあるものを選んでいるのですが、どうしてこうも違うのでしょうか。

稲作りとは別に“田んぼ探検隊”いうユニークな募集もあります。農業公園の田んぼのことを調べるのです。入隊には４つのルールがあり、１に優しい心（稲が育つ様子を大切に見守る）、２に調べよう（わからないこと、不思議に思ったことをどんどん調べる）、３に活動日を守ろう（田んぼの中に入れるのは、解説員と一緒の時）、４に報告する（探検隊で見つけたことを皆に教える）なのだそうです。参加することでいろいろなことが身につきそうです。４月に開催される“春の花祭り”には都市農業公園の自然や風景の写真を募集して公園内に展示されます。

■荒川区

探し歩いても畑も田んぼもありませんでした。区では隣の足立区に市民農園を２カ所設けていました。荒川区内には市民農園に出来るだけの土地はもう無いのです。

西日暮里

山形生まれの私にはなんとも懐かしいサクランボに出会いました。私が幼い頃、山形から上京して石油ストーブなどを作る金属加工業を営む両親のもとに、毎年、親戚からサクランボが送られてきました。私は自分の分として分けてもらった10粒ほどのサクランボの茎を紐で縛って束ね、その紐の端を手に持ってグルグルまわし、空中でサクランボが赤い軌跡を描くのを見て遊びました。それに飽きると一粒ずつ口に運びます。噛む前に、サクランボのつるつるとした表面の滑らかさを舌で楽しみます。しばらくしてから、おもむろに少しばかり硬い皮をかむと甘酸っぱい味と香りが口の中一杯になります。そうしてまたひとつサクランボを口に入れます。繰り返すうち最後は、紐で縛った茎だけになってしまいました。結婚後千葉に住まいを求めた私は、庭に念願のサクランボの木を植えました。しかし何年たっても実をつけません。１本だけでは、受粉が難しいのだそうです。隣家に限りなく接近している狭い庭に、もう１本サクランボの木を植える余裕はありません。薄いピンクの花が咲くことで満足するしかありませんでした。しかし何年か経つうちにその花もだんだんと少なくなってしまいました。そんなことから東京の庭でたわわに実をつけるサクランボに私は驚き、とても嬉しくなりました。事情を話すと快く庭に案内してくださり写真に納めることが出来ました。縁側には明日葉の鉢植えも置いてありました。結構収穫出来るのだそうです。

荒川

幾つか並ぶ街路樹の根元に菜花が植えてありました。まだ美味しそうな花芽はつけていません。収穫出来るようになったら誰が口にするのでしょうか。チョット気にかかります。

■板橋区

北西部に位置し埼玉県との県境にあり25万世帯51万人が暮らしています。名前の由来は800年程前区内の石神井川にかかる「板の橋」からといわれています。天保12年（1841）高嶋秋帆が鉄砲や大砲を使って兵を訓練したことから「高島平」と呼ばれるようになった高島平付近は、現在「高島平団地」などの住

荒川区西日暮里　2005. 5. 5

宅群となり東京のベッドタウンです。区内には新撰組局長だった近藤勇のお墓があります。

四葉

水車公園のなかに田んぼがあります。水車公園は旧前谷津川と武蔵野台地の傾斜を利用して作られています。公園内には茶室（有料で貸し出し、３ヶ月前の月の初日から受付開始)、日本庭園（心字池・築山・枯山水・つくばい）や小さな滝、炭焼き窯がある静かな佇まいの公園です。普段は区から委託された人々によって管理されています。公園内の田んぼは地元の小学生や幼稚園児の稲作体験に使用されています。田植えや稲刈りの時になると、普段の佇まいから一変して賑やかな公園になります。当日は区役所員やボランティア、区内農家の人たちの応援で行われます。幼稚園児が稲刈りをする時は園児一人に指導員が一人付き添っていました。

徳丸

東武東上線脇の市民農園では、農業指導員と農園を借りている婦人が、１月中に畑の作物を全部収穫してきれいにして引渡しをする準備をしていました。畑を借りるための抽選日は２月だそうです。畑の多くは市民農園になっていて、近年は高齢で農業を続けられずに、市民農園として貸し出す農家が増えているそうです。

板橋区四葉　2005. 9. 15

赤塚

板橋区の農業祭りには、宝船と呼ばれるダイコンやキャベツ、ニンジン、ハクサイ等の野菜を幾段にも積み上げ色彩よく船の形に飾られた山車がでます。山車は子供たちが祭り会場まで引いてゆきます。阿波踊りのパレードがあり大人も子供も一緒になって踊りながら練り歩きます。また津軽三味線が演奏される会場もあり祭りを盛り上げています。

板橋区の北には荒川が流れていますが、江戸時代、荒川右岸一帯は湧き水が多い広大な湿地帯で徳丸ヶ原と呼ばれていました。明治2年（1869）民間に払い下げられてから、本格的に開墾されて“赤塚田んぼ”“徳丸田んぼ”と呼ばれ、かつては東京を代表する穀倉地帯でした。その赤塚村では、長徳元年（995）より五穀豊穣と子孫繁栄を祈る神事が行われ、現在も農家の人々によって脈々と受け継がれています。徳丸の北野神社と赤塚の諏訪神社で毎年真冬の2月11日と13日の夜に行われる「田遊び」といわれる神事がそれです。昭和51年には国の重要無形文化財に指定されました。「田遊び」は平安時代末から鎌倉時代に栄えた田楽舞の流れを汲むものだといわれています。田んぼの神様を招いて、稲の種まきから田起こし、代掻き、収穫と一連の農作業の様子を面白おかしく演じて、神様を楽しませ五穀豊穣と子孫の繁栄を願うのです。11日と13日両神社の境内は、夜を待ちきれず、夕方からその祭りを一目見ようと大勢の人びとが集まってきます。当日行われた祭りのなかで嫁さん役の人が、真っ白い顔の面をつけ、大きなお腹を抱えながら農作業に向かう様子を、面白おかしく演じて笑いを誘っていました。私の隣で見ていた観客のひとりが私にささやきました、「昔は臨月になっても働いたものさ」と。

大山金井町

“緑のカーテン”といい、学校の校舎をヘチマやゴーヤ、キュウリ、インゲンなど蔓の張る野菜で覆い、自然の力で温度を下げ快適な教室で学べる環境を作り、地球温暖化防止に一石を投じている小学校があります。私の取材を快く引き受けてくださり、校長先生が自ら“緑のカーテン”づくりに大活躍した自動潅水装置の説明をしてくださり、“緑のカーテン”が窓を覆って見るからに涼しげな教室に案内してくださいました。三年前から始め、一年目は残念ながら成功しなかったようですが、その取り組みが注目されて平成15年度の板橋区優良事業に選ばれました。二年目は前年の問題点を改善して成功にこぎつけ、平成16年11月27日に環境省主催「地球温暖化防止活動」で環境大臣賞を受賞し小池百合子環境大臣から表彰状を授与されました。また、この“緑のカーテン”の活動体験を書いた女生徒の作文が、読売新聞主催の「地球に優しい作文活動報告コンテスト」で２万人の応募者の中から「内閣総理大臣賞」を受賞しました。“緑のカーテン”は多くのことを子供たちに学ばせたようです。それは子供たちが残した作文の中に感じ取ることが出来ます。前年の６年生が初めて挑戦したが結果があまり良くなかったので、成功するか不安な気持ちで始めたようです。また最初はただ学校の学習の一つと捉えていた生徒もいたようです。しかし実際に取り組み始めると、生徒の気持ちがどんどん変わり、苗の根付が気がかりで、毎日の“20分休み”の時間に様子を見に行くようになりました。成長するにしたがってそれだけでは飽き足らず、夏休み中やプールが終わった後も“観察”というよりは“見守る”と

板橋区大山町　2005. 9. 15

いう気持ちに変わっていきました。また、台風の接近の時は家に居ても“緑のカーテン”が気になって仕方がなかったようです。そんな甲斐があり、校庭側の“カーテン”は３階の教室まで覆い尽くし、西側のバルコニーには立派な緑の屋根ができていったのです。この“緑のカーテン”の効果は子供たちの想像以上でした。“カーテン”のある教室と無い教室に温度計を設置して測定し比較したところ、その差は歴然としていたのです。場所にもよりますが10度ほどの差があったのです。また二学期に入ってヘチマを使って二酸化炭素の量を確認し、緑化が地球温暖化の防止につながることも確認していったのです。“カーテン”に使用されたキュウリやインゲン、ゴーヤなど自分達で育てた野菜の味は格別だったことでしょう。そして最後に感謝を込めながら緑から茶色に色を変えカサカサになった枯葉を取りネットを外していったのです。生徒の一人は作文でこう書いています。「人は沢山の発明をして、それが素晴らしいものだから、自然の素晴らしさを忘れかけてきたのではないか。コンクリートの街に自然を取り戻そう、“緑のカーテン”をただ育てるだけでなく、自然の暖かみ、優しさ、素晴らしさを感じながら育ててほしい。“緑のカーテン”を育てることは、心を育てることになるのだ」と。

■江戸川区

一之江

逞しい女性に出会いました。作業車でマンションが立ち並ぶ、狭い道路をスイスイ運転して畑に向かっていました。畑に着くなり荷台から20kg入りの肥料袋を次々と等間隔に降ろして、手際よく蒔きだしていきました。「たまには息子も休ませてあげたいからね」と言いました。その女性は後継者の息子夫婦に気遣いをみせる細やかな心を持っていたのです。後日再びその畑を訪れたとき、若い夫婦が仲良く枝豆の畝間の雑草を抜いていました。

篠崎町

小松菜は昔から冬場に手軽に収穫できる緑色野菜として作られてきました。徳川八代将軍吉宗が鷹狩のとき口にしたこの葉物を大変気に入り、地名にちなんで“小松菜”と命名したといわれています。小松菜は区内農家で今も盛んに生産されています。小松菜が育ったビニールハウスの中で若夫婦とその親たちが市場出しの準備をしていました。その傍で、男の子が土の中にいたダンゴムシを捕まえて手のひらに載せて遊んでいました。跡継ぎの息子さんは、「親父たちが苦労しながら守ってきた家業で、俺はそれを見て育ってきたから、農業は続けるよ」と気負いのない言葉でさらっと言っていました。家族の深い絆がありました。ビニールハウスの中は、なんとも心地よい暖かさで包まれていました。

東葛西

市民農園で若い夫婦が幼い娘と夏野菜の苗を植えていました。初めての体験のようです。不安と喜びの入り混じった顔をしていました。しばらくすると心配した隣の畑の男性が色々アドバイスを始めました。またひとつ新たな“人の輪”が生まれたようです。

船堀

一度途絶えた地域の特産品“葛西のレンコン”を栽培復活させようと創立40周年を記念して校庭にレンコン田を作り、レンコンを作り続けている中学校があります。その収穫祭は毎年11月23日の勤労感謝の日となっています。校長先生も長い長靴をはきレンコン掘りに挑戦していました。生徒、先生、父兄、地域ボランティア全員が収穫祭を楽しんでいます。「今年はちょっと病気が出て溶けている、去年のレンコンの方が大きかった」という声が聞かれましたが、なかなかどうして見事なレンコンです。掘る時についた黒い泥が男っぷりをあげていました。
掘られたレンコンは天ぷらや煮物に姿を変えて参加者のお腹の中に納まりました。

■大田区

大田区馬込では特産品として昭和38年頃まで、元の部分が薄い緑色で他の部分が白く節ごとに雌花が咲いて実がなる“馬込半白節成胡瓜”が作られていました。また短く鮮やかな赤で、柔らかで甘く香りが良い“馬込大太三寸人参”が作られていました。どちらも優良品種の草分けとして、全国に向けて種が出荷されていたそうです。私は、両方とも写真でしか見たことがありません。ぜひ味わって見たいと思っています。

千鳥

夜に飲食店を営むママがキラリと光るピアスをつけてスコップで畑を耕す姿は、まさに東京ならではの光景です。畑のすぐ隣には建築中のマンションが見えます。
鳥の被害から枝豆を保護するため牛乳パックを被せて守っている畑がありました。初めはなんだか見当がつきませんでした。牛乳パックが行進しているようで面白いです。

大田区千鳥　2005. 4. 24

■葛飾区

東水元

戦時中、農家なら食べるのに困らないだろうと言う親の勧めに従って農家に嫁いだ婦人に出会いました。まだまだ現役で農作業をし、直売所に立ちます。畑仕事が好きで今までやめたいと思ったことがないと話してくれました。直売所に庭で実った桃が野菜と一緒に売られていました。店で見かける桃の半分ほどの大きさしかないその桃は、見るからに固そうでした。「木で十分育てたから固くても甘くて美味しいよ、皮をむかずに産毛を手でこすり取って食べてごらん」と、私に手渡してくれました。言われた通りかぶりつきました。うまい！　果肉は外見から想像していたよりもはるかに甘く、皮がコリコリしていて果肉と一緒にほおばると本当においしい食感です。私はそれから桃は少し固めを選び皮ごと食べることにしましたが美味しさが少し違うようです。時期になったらまたあの小さな桃に会いに行こうと思っています。

すぐ近くの畑で、大学生と高校生の兄弟が畑に野菜のくずをいれる穴を掘っています。堆肥にするための穴です。二人とも汗だくです。「よく手伝いをするの？」と聞く私に「滅多にしない」との返事が返ってきました。

■北区

西ケ原

東京メトロ南北線西ケ原にある東京ゲーテ記念館近くの駐車場の隅っこにパセリが生え出ていました。鳥が種を運んだのでしょうか。誰の口に入ることもないと思われますが、コンクリート塀のわずか

北区西ケ原　2005. 5. 3

な隙間で健気に育っています。午前中のこの時間は横にあるコンクリート壁の陰になっていて太陽が当たっていません。ストロボを当てれば主役に出来るとは思いましたがそれでは手抜きをするようでパセリに申し訳ないような気がしました。自然の太陽光の中で写してあげたいと思いました。そうしなければ報われないように思ったのです。私はその場を離れ4時間ほど他の「農」を探し歩き、頃あいを見計らって再び会いに戻りました。パセリは午後の光に包まれて私を待っていました。生きている証を写真に収めました。きっと喜んでくれたと思っています。

赤羽

JR線の赤羽駅から国道17号線に向かう途中に赤羽自然観察園があります。この公園はかつて北区でよく見られた自然に直接触れ合えることを願って作られた公園です。ここは市民の活動が盛んで、グループごとに、自然観察会や草楽隊（公園内の草刈り）、どんぐり（昆虫調査、キャンプ）、いなほ（田んぼの代掻き、草取り）、ビオトープ（池の補修、魚類調査）と多岐にわたっています。

公園の中に古民家と田んぼがあります。ボランティア“いなほ”のメンバーが小学生の体験学習に協力しています。私が初めて訪れた時はすでに田植えが済んでいました。田んぼと古民家はすぐ横にそびえ立つマンションと不思議な調和を作りだしていました。稲刈りの時期に再び訪れたとき田んぼには何体かの案山子が立っていました。その中の一体の案山子に私は思わずギョッとしました。美容院のヘアーカット練習用かと思われますが、人形の頭部の部分だけが棒に刺してある案山子なのです。人間の私でさえ驚いたくらいなのですから、カラスには効果てきめんかもしれませんが少し悲しくなりました。今の子供たちは忙しすぎるのでしょうか。稲を優しく見守るもっと人間味のある案山子が見たいと思うのは私のわがままなのでしょうか。

浮間

田んぼも畑もあり、田んぼは倉庫や工場に囲まれた「釣り堀り公園」のなかにありました。一歩足を踏み入れると園内には緑があります。田んぼは釣り堀りの周りを木製の遊歩道で縫ったような形で作られています。稲穂が実り、そばでは釣り糸をたれる親子の姿がありました。

浮間はサクラソウが有名で、かつては浮間ヶ原と呼ばれ、徳川家康が鷹狩に来て雑草の中のサクラソウを見つけ江戸城に持ち帰ったという言い伝えがあります。

私が初めて北区の老夫婦を訪ねたとき、サクラソウの鉢が所狭しと庭に並んでいました。「もう少し早く訪ねてくれれば、きれいな花を見てもらえたのだけど、展示会が終わったので来年のために花芽を摘んでしまったから見てもらえないわね」と残念そうでした。それから老夫婦は三つ葉の植え付け作業を始めました。奥さんは色白のぽっちゃりとした可愛い感じの人です。昔ＮＨＫに出演して農業指導をしたことがあると話してくれました。ご主人は定年後農業を始めたので、奥さんの方が農業のうえでは先輩です。

浮間に小学生の子供を持つ親子が仲間を募り「畑の会」というサークルを作り農業体験活動していることを知りました。区内の農地を借りて農作業を楽しんでいる親子です。学年が違う子供たち、仕事も年齢も違う大人たちが「農」を通じて子

北区浮間　2005. 8. 26

育て、健康、地域環境等に意見交換をして交流を深めているのです。今日は収穫祭ということで、子供たちもなれない手つきでトマトを採ったり、大きく育ったゴーヤを収穫したりしています。ゴーヤは苦味があるので私が「食べられるの？」と聞くと、即座に「食べるよ、大好きだよ」と返事が返ってきました。男の子も女の子も参加していましたが、黙々と収穫をしているのは女の子です。「私は何年も前から参加しているから上手でしょ」と手際よくナスを収穫したり、引き抜いたばかりの枝豆の茎を適当な長さに切っている前途有望な（？）女の子がいました。男の子は直ぐに飽きてしまい暫くすると遊び始めてしまいました。蝉の抜け殻を見つけ手のひら一杯にのせて喜んでいる男の子もいました。鍬を握る女の子の背中から手を回し一緒に畝の間の雑草をとっている父親などほほえましい姿を目にすることも出来ました。沢山の野菜が収穫され、みんなで分け合っていました。その後参加者は近くの学校の校庭で、持ち寄った料理に舌つづみをうち、バーベキューを楽しみ、喉を潤し、収穫の喜びをかみしめていました。部外者の私にもビールを勧め、取れたての枝豆、手作りの漬物などもご馳走してくれました。この時になると男の子たちは畑の時とは俄然ちがって元気になり、料理の並ぶテーブルやバーベキューの周りにまっしぐら、青空の下で食事を楽しんでいました。

滝野川

滝野川は武蔵野台地の一部でしたが、田んぼが少なかったので深い黒土の大地を生かしてダイコンやニンジン、ゴボウなどの根菜類を栽培して優れた品種を数多く作っていました。五街道の中山道が通っており、すぐ先に板橋宿が作られたので、全国各地に優れた野菜の種を売り出していました。元禄年間(1688～1704)、地元の鈴木源吾が育てた“滝野川ゴボウ”は長さが１メートルにもなり品質が優れていたので、「たね屋街道」で売り出され全国に広がってゆきました。

現在区内には伝統野菜の“滝野川ゴボウ”を体験学習に取り入れ食育活動に力を入れている小学校があります。収穫の時、生徒たちはゴボウが途中から折れてしまわないように恐る恐る作業していました。生育がままならず途中で腐ってしまったものや、細く短いものなどもありましたが、太くて長さも１メートル以上もある立派なこれぞ“滝野川ゴボウ”と呼ぶにふさわしいものなど色々ありました。ゴボウが土の中から姿を現すたびに、ため息になったり、大きな歓声が上がったりしています。その声を聞いているだけで見なくともどんなゴボウが採れたのか想像できるほどです。抜かれたゴボウは１本１本長さを計り記録されます。その後、校庭隅の洗い場で生徒の小さな可愛い手で土が洗い流され、綺麗な薄茶色の肌になります。収穫したゴボウは学校給食に調理され、全校で秋の味覚を楽しみます。伝統野菜と食育はとても大切なことなのです。

▒江東区

辰巳

東京辰巳国際水泳場の隣の市民農園で、カウボーイハットの男性が、近隣の人に分けてあげるのだと、何枚かのスーパーのポリ袋にサニーレタスを詰めていました。作る楽しみ、配る楽しみ、どちらも心が豊かになりそうです。

東砂

農園で出会った白い繋ぎを着た男性は観光バスの運転手さんでした。休日のこの日はスイカの苗を植えていました。スイカの下に敷く藁はスーパーで購入したものです。藁もスーパーで買う時代なのです。二度目に会ったとき、丹精込めて育てた夏野菜のナス、タマネギ、カボチャを奥さんの手料理でいただく事になりました。カボチャとベーコン、タマネギのバター炒めは特に美味しくいただきました。今では我が家の定番料理の一つとなっています。

■品川区

品川は江戸の早い時期から東海道第一の宿場として栄え、港には関西から色々な野菜の種が入り産地となっていました。昭和の初めごろまで盛んに生産されていた居留木橋カボチャは、沢庵和尚が上方から種を取り寄せて、当地の名主、松原庄左衛門に作らせたという言い伝えがあります。

東五反田

キャッツシアター近くにビルとビルの間に挟まれた小さな畑があります。そばにある小学校の体験学習に使用したり、養護施設で使用されています。黒い柵に鍵が掛けられたその畑は、冬はビルが長い影を落とし作物が出来ないそうですが、夏野菜は育ち実をつけます。又、すぐ近くの公園には乳白色の陶器製の小さな噴水があり、ハーブのローズマリー（地中海沿岸原産）やオリーブ（地中海沿岸原産）、フェイジョア（南米原産、フトモモ科の果実）などが植えてあります。昼どきになると子供づれや、近くのビルから社員がお弁当を持ちこみランチタイムの憩いのひと時を過ごす都会のちょっとしたオアシス空間になっています。

品川区東五反田　2005. 5. 24

豊町

東海道新幹線が走る下神明近くの市民農園で、真っ赤に実ったミニトマトでほっぺを膨らませた兄弟に出会いました。お父さんとお母さんと兄弟で楽しく収穫したミニトマトやナスは園内に置かれた小さなテーブル一杯になっていました。食育とはこういうところから育つのだと思います。

■渋谷区

上原

あても無く代々木公園で下車し、渋谷の「農」を探すために歩き出しました。ほどなく薄茶色した麻布袋で育てられている大根を発見しました。店先に何気なく置かれたその布袋の何とお洒落なこと。私は感謝しながらシャッターをきりました。残念ながら光の状態が余り良くありません。後日良い光線状態で撮り直したいと思いその場を離れ歩き出しました。しばらく歩くと車庫のフェンス越しにナスが見え、すぐそばにキュウリもありました。家庭菜園です。許しを得て菜園内に入り渋谷の「農」を収めることができました。

後日再会を期待して大根に会いに行きましたが、会えませんでした。大根は、すでに抜かれて土が残ったままの布袋があっただけでした。その後も新たな区内の農を探したいと何度も出向きましたが、見つけられませんでした。

■新宿区

明治８年に花の温室栽培用にと、本格的なヨーロッパ式の温室が作られたのが新宿御苑。当時周辺はトウガラシ畑で真っ赤だったそうですが、今や日本を代表する近代的ビル街です。

西新宿

都庁の前にある新宿中央公園内に田んぼがあると聞いて私の胸は高鳴りました。新宿中央公園は新宿副都心の建設にともない、ミノルタ株式会社と2003年に合併をしたコニカ株式会社の前身小西六写真工業の工場敷地と淀橋浄水場跡地に昭和43年４月に作られ開園した公園です。“超高層ビルと新宿中央公園”は「都民の日」制定の30周年を記念して昭和57年10月１日に選定された“新東京百景”に選ばれています。公園地下には大雨の時に雨水を地下に貯水して浸透させる雨水貯留浸透施設が設置されています。親水施設のジャブジャブ池や、ちびっこ広場、ランニングなども出来る多目的広場などがあります。また人工の滝“ナイヤガラの滝”がある水の広場や芝生の広場などもあり都会に豊かな緑と施設を提供しています。市民の憩いの場として平日、休日を問わず多くの人々が集っています。

新宿中央公園内にはビオトープがあります。平成14年東京都の下水道工事が完了したことにともない、東京都から公園の復旧の委託を受けた新宿区が平成15年３月に基盤を完成させました。公募区民と新宿区が協議を重ねた末に、人と自然が共存して多くの生き物が住む里山をイメージして池や田んぼ、滝などを備えたビオトープが出来たのです。地域区民と役所、教師などが一体となって農業体験などを通し情操教育活動をしているのです。

そのビオトープで６月４日に地元の小学生が田植えをするという情報を得ました。空に伸びる都庁の超高層ビルと田植えの共演は狙い通り23区の「農」を代表するものとワクワクしました。待ちに待った小学生が田植えをするために公園に集まってきました。各人に稲の苗が手渡され、いよいよ順番に田植えが始まります。子供たちはみんなはだしです。田植えが始まって20分ほどした頃です。「きもちイイー！　おれ、この仕事につきてー！」と男子生徒が大きな声で叫びました。またその日は想像もしていなかったうれしい事が起きました。新宿に住む参加者の一人の女性が、もんぺ姿で田植えに参加したのです。都庁の高層ビルになんともミスマッチないでたちです。さらに偶然に通りかかり“田植え”に興味を持って田んぼのそばに近づいてきたドイツ人観光客に、その女性が流暢な英語で説明を始めたのです。それはとても面白い光景を作りだしていました。私はここが気に入り何度も足を運びました。地域の人々は、田植えばかりでなく、子供たちにビオトープに住む生き物、水草、草花に興味を持たせ、都会の緑が心を育てることを願って交流をしているのです。田植えが済んで稲穂が伸び、学校が夏休みになった頃、子供たちは田んぼの周りでトンボ採りに興じたり、メダカを追いかけていました。懐かしい光景だと思いました。遠くにある田舎だけが故郷ではなく、都会にも確かに故郷があると思いました。ただ悲しいことですが田んぼからそれほど離れていない公園内のあちこちで、住まいを持たないホームレスの人々が寝泊りをして生活しているのです。これも東京の姿なのです。

早稲田

かつての早稲田は田んぼであり、“茗荷坂”あたりはミョウガ畑が広がっていました。「早稲田という地名がついているのに稲田がないのはおかしい」と、学内に小さな田んぼを作って米作りを始めた大学があります。

早稲田大学を拠点に「農」を「楽」しみながら新たな価値を社会に発信してゆく非営利学生団体、その名も学生ＮＰＯ“農楽塾”です。早稲田大学オープン教育センター設置の全学部共通科目「農山村体験」「農林業問題入門」の受講生と賛同者の一般学生が中心となり2003年12月に設立されました。大隈庭園内に４畳ほどの田んぼを造成して稲作りを始めたのです。翌年は６畳ほどに田んぼを拡張しています。「農」を切り口とした教育や地域振興で、町の活性化と、「農・食・心」が豊かな日本への第一歩と位置づけて「農」が身近にある「農的生活」を実現したいとしています。早稲田は明治15年大隈重信が東京専門学校（現在の早稲田大学）を創立して以降急速に宅地化が進み、水田やミョウガ畑が減少していったのです。今日、その早稲田大学の学生が中心となり「農的生活」の実現を目指しているとはなんとも因果めいたものを感じます。

稲刈りのその日はあいにくの小雨でしたが、学生の明るい笑い声がキャンパスに響いていました。これからの若い力に期待したいと思います。

■杉並区

日本原産のウドのシャキシャキとした歯ごたえは何ともこたえられません。こんにゃくと一緒に煮たり、生のまま酢味噌で食べたり、皮はキンピラにしたりと全く無駄の無い野菜です。子供は余り好まないと聞きますが、私は物心ついた頃から大好きでした。現在の杉並区井荻あたりでは江戸時代から昭和50年頃まで生産が盛んで“井荻ウド”の名で親しまれていましたが、現在は北多摩方面で生産される“特産東京ウド”で全国的に知られています。

下井草

一人がやっと通れる狭い道を、２メートルほど中に入ると畑があります。後継者に息子がいると話す穏やかな表情の農夫は、マンションに囲まれたビニールハウスの中で夏野菜の苗の手入れをしていました。マンション住民は、彼の大事なお客様です。夏野菜が採れる時期になると畑の周りにはトマトやナスなどを買い求める人々が列を作るのだそうです。

井草

前日の雪がまだ残る畑で若者がコンテナに入っている葉ダイコンに水をかけて洗っていました。出荷の準備をしているのは若い後継者です。そばで父親も忙しくトマトの出荷準備をしています。後継者がいるということは、安心感と生きがいを与えているのでしょう、父親の言葉の端はしに、又表情にありありと表れていて隠しようもありません。

浜田山

京王井の頭線浜田山駅を下車して10分程歩いたところの「柏の宮公園」に、水面にピンクのつつじが映りこむ田んぼがあります。夕方になると犬の散歩コースになっていて、いろいろな犬種に会うことができました。

■墨田区

立花

私が青春時代の約20年間を過ごした区です。私の家の周りは小さな町工場が並んでいて、道の両側に所狭しと鉢植えが置かれていたのを記憶しています。あれだけの鉢があったのだから、農作物の鉢物も必ずあると思っていましたが、それは間違いでした。植えてあるのは、ことごとく草花であり私の求める野菜ではありませんでした。地元の人に尋ねると以前は荒川土手の斜面で野菜を作っている所もあったが、今は全く見かけないと言われました。４時間ほど探し回って物置の横の鉢に植えてある元気の無いネギとキヌサヤを探し出すのが精一杯でした。

文花

後日、「緑と花の学習園」にたどりつきました。建物に囲まれた狭い、太陽の光もままならない畑にはインゲンとキャベツの苗が植えられていました。江戸幕府が欲しい時に欲しいだけの野菜を手に入れるための“御前栽畑”という直営の畑があって寺島ナス、本所ウリが盛んに作られていた区でしたが、今は面影すらありません。

■世田谷区

昭和２年に世田谷区深沢町の都立園芸高校教師が、現在も人気が高いナシの三水と呼ばれる“幸水”、“新水”、“豊水”の親である“菊水”を作り出しました。また遅く収穫できて、正月用贈答品としても人気がある大形の“新高”も作り出しています。私が小さいときに口にしたナシ（たぶん、赤ナシの長十郎）はとても硬くザラザラして舌が痛くなった記憶があります。当時大人の人が「西洋人は日本のナシを“砂のナシ”と言って食べないよ」と言っていたのを記憶しています。今日、このように品種改良されて、みずみずしく美味しくなった日本のナシを西洋人は食べているのでしょうか。

喜多見

小田急線成城学園前よりバスで“砧農協前”下車の次大夫堀公園内に田んぼがあります。公園の名前の由来となっている次大夫堀とは、稲毛・川崎領（現在の川崎市）の代官小泉次大夫の指揮で慶長２年（1597）から15年かけて作られた農業用水のことです。正式名称は六号用水といいます。江戸時代、世田谷領内を流れる六号用水は沿岸の14箇所の水田で利用され、地元の人々から次大夫堀と呼ばれていたのです。それ以後350年余りの間農業や生活用水として使用されていましたが、現在区内においては丸子川として一部が残っているだけです。昭和63年11月に開園されたこの次大夫堀公園は名主屋敷、民家、表門を復元し、次大夫堀の流路を600メートル復元して水田を作り江戸時代後期から明治時代の農村風景を作り出しているのです。「生きている古民家」をテーマとして囲炉裏には毎日火が焚かれています。家の中や軒下には民具が置かれ自由に出入りができます。置いてある道具に手で触れることもできます。民家園の「民家園教室」では失われつつある糸つむぎや折り紙、竹細工などを開催し、五月の節句や七夕、十五夜などの伝統的な

「民間暦」「年中行事」などの催しは、公園内の６団体のボランティアが協力して来館者と共々に楽しんでいます。
　失われつつあるといえば、かつて大抵の農家には土間というものがありました。農作業をしたり畑から運んだ野菜を置いたり、かまどがあって煮炊きもしていた所です。そこは畑仕事の合間に近隣の人が泥がついたままでも気兼ねなく上がりこめ、また迎え入れることができた所です。気取らない小さな社交場のような役割をしていたように思います。しかし代替わりなどで新しく家を建て替えるとき、設計の段階で最初に姿を消すのは土間のようです。「昔は気兼ねなくお茶に呼べたけれど、今はもうかなわない」と言っていた農家の人の言葉を思い出しました。
　私が初めてこの公園内の田んぼに会ったのは、アジサイが少し盛りを過ぎたうす曇りの日でした。地元の小学生の農業体験が出来る様になっていました。学校で行われる農業体験はとても意義のある素晴らしいことだと思っています。しかし大体のところ、体験するのは植え付けの時と収穫の時だけなのです。収穫を迎えるまでの間に一度だけでも雑草取りなどを体験させれば、より深い体験を積むことが出来るのではないでしょうか。
　公園のそばにある広い畑の向こうで、二人の男性が耕耘機の操縦をしていました。その日は青空の中に雲も散らばっていて、よい背景の写真が撮れそうでした。私は、二人を点景として写真に収めた後、二人のそばに近づいて行きました。年配者が、もう一人の男性に操作方法を教えているようです。「息子が、この四月に会社を辞めて農業をついでくれるので、今日初めて操縦法を教えているのさ」と嬉しそうです。私が「では、記念日ですね、写真を撮ってさしあげましょうか」と言いますと、二人は仲良く耕耘機を前にして写真に収まりました。後日私は短い文章とともに写真を送りました。それから間もなく息子さんから「良い記念になりました、ありがとう」と電話が入りました。誕生日でも結婚記念日でもない、しかし二人にとって“親子の記念日”には違いないのです。これから進む「農」で行き詰まった時、この写真が少しでも心の支えになれたらと願っています。

祖師谷

今まで多くの農家の人々を撮り歩いてきましたが、ここで出会った農家のご夫婦は美男美女で外国の俳優さんのようでした。私は重いカメラバッグを肩に、「歩きなので」とお断りしたのですが、直売所で売っているナスを一袋もたせてくれました。

砧

農作業が好きで、畑を取得して農業従事者になりたいと思っていたけれど叶わなかった、と市民農園で汗を流していた男性に会いました。写真を撮らせていただき、後日送ると約束していましたが、住所を控えた紙を無くしてしまい送ることができません。ごめんなさい。その後も写真を持ちあるき何度か足を運んだのですが、会えません。約束は“することよりも守ることが大事”と心に決めているのに残念です。

等々力

世田谷には都市農家の消費者が近いという利点を生かして、ブドウやリンゴ、ナシのもぎ採りのほかに、タケノコやジャガイモ、エダマメなどの野菜が収穫できる“ふれあい”を重点においた体験型農園が数多くあります。世田谷区内の園主たちは

世田谷区野毛　2005. 8. 27

ブドウ研究会という会をたちあげています。園主の多くは若い人で、インターネットを活用しホームページを開設し、収穫日や品種などの細かい情報を発信して来園を呼びかけているのです。また一度訪れたお客様には翌年、案内状を出しているそうです。

いよいよブドウ狩りのシーズンが到来しました。園内の入り口には試食用に何種類ものブドウを並べてお客さんを待ちます。毎年のことなのでお馴染みさんも多く、園主と親しげに会話をしながらブドウ狩りを楽しむ近隣の人や、神奈川など近県から来るお客様もいます。棚の下はあちらこちらでブドウ狩りを楽しむ親子づれで賑わいます。園内にはウコッケイが放し飼いにされ、その卵も販売しています。ブドウよりもウコッケイの方が気になり追い駆けまわす子供もいます。アルバイトの大学生が３人程働いていました。その中の一人は農業大学の学生さんでした。どんなことを研究しているのか尋ねると、トマトは完熟する前に、果実が割れてしまうことが多いので、割れないようにする研究をしているのだと教えてくれました。この農園はブドウ狩りの時ばかりでなく、ふだんの農事の際にもアルバイトの人を雇っている専業農家です。若い夫婦が切り盛りをしています。

■台東区

浅草

東武線浅草駅から隅田川沿いのリバーサイドスポーツセンター手前の左側に小高い待乳

世田谷区野毛　2005. 8. 27

山聖天公園があります。海抜９メートルの丘陵は推古年間、浅草寺観音様が出現される先達として一夜のうちに現れた霊山として伝えられています。江戸時代ここからの景観は素晴らしく、安藤広重「待乳山上見晴の図」など錦絵にも描かれ、江戸の名所といわれていました。ここ待乳山の聖天堂では毎年正月七日に“大根まつり”が行われます。ダイコンは人間の迷いの心、怒りの毒を表わすといわれ、ダイコンを供えることによって聖天様が体内の毒を洗い清めてくださるとの信仰があります。またダイコンは体内の毒素を中和して消化を助ける効能があり、聖天様のお働きを表すと尊ばれているのです。境内のあちこちにある灯篭、提灯、幔幕などで二股に分かれたダイコン一対と巾着を目にすることが出来ます。巾着は財宝で商売繁盛を表し信仰のご利益の大きいことを表しているのです。境内でダイコンを買い求め、若い女性や粋な婦人、着物姿の男性などがそのダイコンをかかえながら階段を登って聖天様にお供えします。手を合わせ健康、良縁、一家和楽を祈念するのです。参拝者にはお神酒や風呂吹き大根が無料で振舞われ、賑わいをみせます。帰りには風呂吹き大根に使われなかった部分のダイコンも配られます。縁起物なので、私もいただこうかと迷いましたがカメラバッグが重いのでやめました。

谷中

　谷中と聞くと粋な感じがしますが、谷中で会った「農」はやはり粋でした。割烹店の前に竹製のプランターがありナスとトマトの苗が植えてあったのです。しかし狭いところに植えてあったので、無事に実をつけたかとても気になりましたが、確認することはできませんでした。ちなみに谷中ショウガは現在の荒川区西日暮里周辺が産地でした。

■中央区

月島

地元の小学生や幼稚園児たちが農業体験する畑があります。金網に囲まれており普段は鍵が掛かっています。日々の管理は70歳代のボランティアの男性が行っています。体験学習の時は、この男性が中心となって苗植えをする畝を作り、苗の手配をしています。そんな彼のもとに「４時間目の理科の時間に教材としてジャガイモをとりあげたいので生徒に渡してください」などと学校から電話が入ることもあるそうです。「急なことで大変ですね」と言うと「今は、学校も先生も生徒も忙しいから仕方ないよ」との答えが返ってきました。

日本橋小伝馬町

少子化で廃校になった小学校のプールで田植えが行われます。毎年５年生が田植えの体験をします。初めに苗を手渡されると興味津々、人の苗の方が気になる様子です。素足のまま田んぼに足を入れるのはとても気持ちが良いようで、足を入れる時に見せた戸惑いの表情は、みるみる笑顔に変わってゆきました。田んぼの脇には下級生が植えたナスやトマトなどの夏野菜が植えられていました。季節が秋になり稲刈りの時も私は足を運びました。数日前に雨が降り、ぬるぬるとした田んぼでの鎌作業となり、少し間違えると自分が怪我をしたり、他の生徒を傷つける危険があるので、先生も生徒も田植えの時とは違った緊張感を持って臨んでいました。こんなところからも相手を思いやる気持ちが育つようです。

■千代田区

大手町

太陽の光が届かない地下２階で農作物を栽培している企業が

あります。そこには、人工の棚田があり、天井からの人工光（太陽光に近い色のメタルハライドランプと寿命が長く効率の良い高圧ナトリウムランプ使用）が稲を育てます。自然環境に近づけるために藻やメダカも育てています。稲は自然界よりも早く育つため年３回の収穫が可能です。別のフロアの隅々にはイチゴが赤い実をつけ、トマトは栄養分を溶かした養液が入った水耕栽培で育てられ赤い実と青い実をつけています。トマトが植えられた周りの壁は一面に銀色のアルミ箔のようなもので覆われています。光を反射をさせて均等に効率よく当たるようにしているのです。赤色、青色、緑色の発光ダイオード（ＬＥＤ）を使い、植物の生育に必要な波長に合わせた栽培例の展示もしています。またサラダ菜などの野菜は育苗室というフロア内に、４段式の透明なケースの栽培棚で蛍光灯を利用して作られカフェテリアへ供給されています。光や温度の環境を人工的にコントロールすることにより天候や場所を選ばず収穫できるのだそうです。しかしここでは、作物を出荷するのが目的ではなく、農業の新しさ、楽しさ、可能性を肌で感じることで就農をサポートしたいとするのが主な目的であり、またビジネスとしての情報発信にしたいとの思いがあるといいます。就農条件の一つに、お洒落にうるさい現代の若者のためには、農作業着の機能性はもとより、ファッション性も大切な要素であることや、工業団地があるように、都会に農業団地という考えもあるのではないかという大胆な構想の話を聞きました。

神田駿河台

1984年３月に都心のビル緑化の先行事例として外構の公開空地の緑化とともに平均１ｍという土壌たっぷりの屋上緑化を作った企業があります。このような植栽基盤と植生によって、夏の日中でも、周りのビルや道路表面よりも20℃程度低くなり、ヒートアイランド対策の好事例となりました。2003年には再整備をして屋上の緑地の一部をガーデニングコーナー、農園として社員や地域住民の希望者に無料で貸し出しています。緑地に対する関心を高めたいとしているのです。20年以上を経過した現在はまさに豊かな緑の都市空間を作り出しています。（財）都市緑化基金よりビルの緑化空間で快適な街づくりに貢献している企業に与えられるSEGES（シージーエス）認定ラベルを取得しています。

私が初めてこの屋上農園を取材したときは端境期で、あまり作物が育っていませんでしたが、ひとりの女性が、白いロングスカートに身を包み、鎌ではなく、はさみでニラを収穫していました。やはりここは都会とあらためて感じました。

夏野菜が最盛期の頃再び訪ねました。その時に出会った女性は私が今まで見たことがない作物を収穫していました。シカクマメという中国の野菜だと教えてくれました。彼女は、店で売っていない珍しい物を作りたいと、他にも珍しい作物を育てていました。「一度に沢山収穫できるので、近所の人に分けてあげます。それでも余り気味になるので、同じ素材でも色々な料理を工夫して作るようになり、頭も心もリフレッシュしています」と話してくれました。

■豊島区

あまりの暑さに自動販売機で飲み物を買い喉を潤しているとき、やはり飲み物を買いに来た地元の人がいました。「今日は暑いですね」などと一言二言会話をすると、「作業場で少し休んでいきなさい」といわれました。「農」の情報も得たいと言葉に甘えて作業場に入ると、金属を使いブローチなどのアクセサリーを製作している町工場でした。そこは私にとって懐かしい金属の匂いがしました。金属の匂いは独特です。両親が金属加工業をしていたあの時と同じ匂いです。すでに二人ともこの世にはいませんが……。

作業場で私はテーマとして「農」を探していると話をしました。あくる日、町工場の主人から、染井霊園近くで区が所有している土地を区民に貸し出し野菜を栽培しているところがあるらしいと連絡をもらいました。後日私は早速出かけてみました。

駒込

確かにありました。建築中のマンションの反対側に小さな畑が、でも今は、育ちすぎた春菊が黄色の花をつけているだけの畑でした。周りは雑草だらけです。見ると一人の美しい女性が大きな雑草だけを選び途中から刈り取っていました。「雑草は地面の乾燥を防ぎ、塵を防ぎ、気温の上昇を防ぐ、子供たちには花摘みの楽しさ、昆虫には住処を与える。特別な場合を除いて根っこから抜くことはしない」と張り紙がしてありました。その女性が、５月８日にここで田植えをすると教えてくれました。この小さな畑の一角に田んぼ？　私はあたりを見渡ました。何と、畳一畳半ほどのひょうたん形をした田んぼというか、ぬかるんだ地面がありました。「可愛い田んぼ！」私は思わず口にしました。

待ちに待ったその日が来ました。子供たちが、小さなひょうたん型の田んぼに足を入れ田植えを始めました。小さな手でしっかり苗を握り、大地に手植えしています。小一時間するかしないかのわずかな時間で田植えが終わりました。その後は、地域の人とのバーベキュー大会となり、私も仲間に入れてくれました。ジンギスカンとビールのうまさは格別でこの出会いに感謝し、子供たちも苗も立派に育ってほしいと願いました。この時の写真は、私のお気に入りとなりました。２カ月程たった頃再びひょうたん田んぼを訪ねると、残念ながら稲の収穫は望めそうにない状態でした。

私は願いを変更しました。稲の分まで子供たちの健やかな成長をと……。

巣鴨

染井霊園付近でお世話になったあの美しい女性が巣鴨にもやはり区所有の土地に畑があると知らせてくれました。さっそく出向くと、こちらは見るからに畑という感じで管理されていました。そこで私は中心的に活動している一人の男性に会いました。自営業の人で、仕事の合間に畑を守っているのです。この活動を地域の若い人にも伝えてゆきたいと後継者を育てています。彼は都電荒川線の線路脇の田んぼで、毎年祭りの日に、神輿の鳳凰が口にくわえる稲も作っていました。果たして祭りの当日、鳳凰は彼が刈り取った稲穂をしっかりと口にくわえ空に舞い踊っていました。彼のはっぴ姿もそこにありました。

ＪＲ巣鴨駅から徒歩で10分程の所にある中央卸売市場豊島市場に行ってみました。江戸時代、神田、千住と並ぶ青果三大市場と呼ばれていた駒込市場が前身です。駒込市場の起源は元亀、天正（1570～1591年）頃駒込付近の農家が江戸に野菜を売りに行く途中、駒込の天栄寺のサイカチ（マメ科の落葉木・山野に生じ、枝や幹にとげがあり、夏、薄黄色の花をつけ、鞘、種は漢方薬用になる）の大樹の下で憩い、地元の住民が野菜を買い求めたのがきっかけで市が開かれるようになり、都内最古の市場であると伝えられています。当時この付近は、駒込ナスの産地で、ナスの他にダイコンやニンジン、ゴボウといった野菜を泥つきのまま持ち込んでいたので、「土物店（つちものだな）」という名前が付いていました。駒込青果市場は、昭和12年（1937年）３月25日に現在の豊島区に転出して中央卸売市場豊島青果市場となったのです。おもに豊島区、北区、文京区など城北地域に青果物を提供しています。平成16年は１日当たり約435ｔの青果物を扱っています。市場内は24時間眠ることはありません。青果の「せり」は早朝から開始されます。全国各地からトラックなどで運び込まれ、夜中午前３時ころには品種別、等級ごとに区分され、段ボール箱のまま卸売場に並べられます。

私はまだ夜が明けやらぬ巣鴨駅前を急ぎ足でかけぬけ豊島青果市場に着きました。農家から集めた野菜を扱う市場の人々に会ってみたい、「せり」というものを自分の目でたしかめてみたいと思っていたからです。数日前に取材の許可を取っていたので守衛の方から「せり」の行われる棟の説明を受けて市場内に入りました。何とか「せり」の始まる前にたどり着いたようです。しばらくすると「せりが始まります〜、買ってください〜買ってください〜」と市場内にアンウンスが流れました。仲卸業者や、売買参加者が「せり」会場となっている一角に集まってきました。いよいよ「せり」が始まります。野菜や果物のせりは、「固定ぜり」と「移動ぜり」があり、「固定ぜり」は「見本ぜり」とも呼ばれ、「せり人」が品物の大きさや数量を黒板に書いて順番に売ってゆきます。「移動ぜり」は全部の品物を見せながら、次々と移動しながら「せり」をするのです。私が当初想像していたよりも、静かに整然と行われていました。「せり」というともっと喧騒な感じを抱いていたので意外に思いました。暫くしてラジオ体操の音楽が流れ市場内の人たちが体操を始めました。その間もフォークリフトや、ターレットなどの作業車で市場内を忙しく行き来している人たちもいます。また当日は市場関係者に試食してもらい、売込みをはかる業者のラーメン試食コーナーがありました。お腹がすく時間帯です、湯気が立ちのぼり、しょうゆの香りが漂うコーナーは、市場内

豊島区巣鴨　2006. 1. 24

の寒さと相まってなかなかの人気です。直後の商談はうまくゆきそうです。

■中野区

明治33年現在の中野区中野の城山公園付近に東京で初めての農業試験場が作られました。大きな温室が設備され、施設栽培など新しい農業研究で先導的役割をしていました。現在は立川市に移転しています。

上鷺宮

納屋の前で、カリフラワーの市場だしの準備をしている男性が目に入りました。周りの葉を包丁で手際よく切り落としダンボール箱に詰めてゆきます。出荷するときは娘を嫁に出す気持ちだと言っていました。

冬の寒い日、彼の畑を前景に夕日の写真を撮ろうと三脚をたてて待っていると「今日は特に冷える。トイレに行きたくなったら、納屋の前に靴のまま入れるトイレがあるから使いなさい」と声を掛けてくれました。男性はそれから車に乗り、市場に向かってゆきました。今まで食事に招かれたり、野菜をいただいたり色々な好意を寄せていただくことがありましたが、このような言葉は初めてです。有難い、細やかな心使いに感謝、感謝。

■練馬区

農地面積、販売農家数、自給的農家数ともに東京23区の中でもっとも多いのが練馬区です。販売農家数は２番目に多い世田谷区の約1200戸に対して、練馬区は約2700戸と実に倍以上です。それに対して自給的農家の数は２番目に多い世田谷区の約180戸に対して練馬区は約230戸となっています。これだけを見ても、練馬区は東京23区の内で一番「農的な暮らし」をしている区と言えます。区が管理をする市民農園の数も多く、市民農園とは別に練馬区農業体験農園があります。農家が開設、運営をしている農園（練馬区より、農園の整備、運営する費用が助成されています）です。18年度は11カ所となります。

地元区民と交流を深めながら畑を多角的に利用するのは良いことだと思います。農作業の技術指導をして収入源を得るということは、都市農家としての特徴を生かした付加価値を得る方法だと思います。農業技術を教える交流の中で、区民がどんな野菜を求めているか、素人の区民が欲しくても作れない作物を、玄人である農家の人が作ったならば、農園の生徒さんが“消費者”というお客様にもなると思います。ただ講師として教えるだけでなく本来の百姓……百匠、（農業関係の催し物会場で見つけた当て字）百の匠たくみ（技）をもっている「農」のプロとしての活躍も心からお願いしたいと思います。

大泉学園町

関越自動車道脇にキャベツ畑が広がっています。練馬というとすぐ練馬大根を思い出しますが、江戸時代からの連作と昭和８年の大干ばつによるウイルスの発生で、栽培が出来なくなり、かわりに作られるようになったのがキャベツです。作りやすさと、色々な料理に使われやすいという理由からです。

近くの市民農園では幼い娘二人を連れて、少しばかり育ちすぎた野菜を収穫に来たお母さんがいます。いつの時代もお母さんは忙しく、まめに畑へ足を運ぶのは大変です。幼い二人が、自分の背丈とたいして代わらないダイコンや、げんこつのように大きくなったカブを運ぶお手伝いをしていました。美味しい料理を作ってください、お母さん。

石神井町

西武池袋線の石神井公園を降りて暫く歩いた線路脇に都営高層マンションをのぞむキャベツ畑がありました。私はここからの夕景が“東京23区の農”に相応しいと思っていたのですが、なかなか希望通りの夕焼けにならず、足を運んで今日で４日目になります。三脚を立てて夕日を待っていると年配の男性から「昨日も来ていましたね、何を撮っているのですか」と声を掛けられました。「夕焼けを撮りたいと思っているのです」と答えますと、「石神井公園からの方が景色がいいですよ」と教えてくれました。私が「『農』をテーマとしているので畑を前景にいれたいのです」と話したところ、「こんなものを撮っているのですがどうでしょうか」と自宅から何枚かの写真を持って戻ってきました。それから少しのあいだ、路上での写真談義となりました。畑の脇のパン屋さんで手作りの菓子パンを買い駅に着くまでのわずかな時間にお腹に収め空腹をごまかし帰路についたことが何回かありました。ある日店に入るなり、「良い写真が撮れましたか」と女主人が聞いてきました。パン屋さんから畑に立つ私の姿は丸見えだったのです。

収穫が終わって何も無い畑に大きなカボチャがひとつだけありました。傾きかけた夕日がカボチャのオレンジ色をいっそう鮮やかに照らし出しています。畑を守っているようにも、寂しがっているようにも見えました。

光が丘

ここは第二次世界大戦中飛行場が建設されていたところです。戦後間もなく米軍家族の宿舎となっていましたが、昭和48年全面返還され、住宅団地、文化施設、緑が調和する町づくりで誕生した新しい町です。

そこに田んぼがあり戦争を知らない子供たちが遊びます。畑に行っても、子供だけという姿を見ることはめったにありませんが、田んぼは違います。水が張られた田んぼは子供たちが喜ぶ生き物が沢山います。どこからともなく子供たちが集まってきて虫かごを持ち、網を持って、トンボを追いかけ、オタマジャクシやメダカ、ザリガニ採りに夢中になっています。たまにメダカよりも大きい別の魚が採れると、それはもう大変な騒ぎになります。年少者がそのような魚を採ったとき、年長者がいろいろな知恵を駆使して、メダカと交換させようとしているところなどの駆け引きはとても面白いです。

■文京区

千駄木

なかなか思うような「農」に会うことが出来ません。スナックの店先の白い柵脇に植え込まれた盛りを過ぎたハーブと、やはり店先のまだ青いミニトマトしか見つけられませんでした。

白山

あてずっぽうに町を歩き、すれ違う人に声を掛け、家庭菜園、鉢植えの野菜などを尋ね聞くうちに、農業に興味があり市民農園を借りたいと思っている婦人に出会いました。私の話に興味を示し「おもしろそうねー、家でお茶でも飲んでそのお話をもっと聞かせて」と私を家に招き入れました。その後フキノトウがあると近くの駐車場を案内してくれました。春はすぐそばまで来ているようです。あちらこちらで薄い黄色の帽子を覗かせていました。その後私は東京大学農学部に足を運びました。

弥生

冬のこの時期、東京大学農学部の畑に作物はありませんでした。ミカンが黄色い実をつけて殺風景な畑にわずかな色どりを添えていました。屋外の巨大なプランター式の容器の中は、刈り入れを終えた稲の根元部分が茅葺色をして残され、実験室のようなハウスの中では、稲や野菜が育てられていました。

もうすぐ卒業シーズンを迎えます、農学部を卒業する学生の何割が農業関連の仕事に就くのでしょうか。今日は曇り、夕暮れの中で写したハウスは農業市場開放を拒む“要塞”のような異様な写真となりました。

■港区

赤坂

ＴＢＳ放送センター近くに屋上農園があります。農業に関することなら全てといっても過言でないほどの出版物をてがけ、食育、健康など幅広い出版物を発行している社団法人の屋上農園です。出版のために確認したい事柄、写真を撮るために必要な作物などを育てたり、種を採取したりしています。そのような理由で作られた農園であっても仕事の合間、昼休みには憩いの空間になっているようです。屋上で真っ赤に実ったトマトを口に運ぶ人もいます。事務所内で敬遠されているタバコの喫煙所にもなっています。

坂道途中の植え込みで、バケツ稲作を３年ほど前から楽しんでいる男性がいました。去年はだいぶスズメの被害にあったそうです。３つの稲のバケツに、３体の案山子。案山子は奥さんの手作りです。きっかけはせんべいに稲穂がついてきたので、遊び心で始めたそうですが、道行く人々にチョットした癒し効果を与えているようです。もともとは農家の出で、遠い故郷を思い出すといいます。

芝

芝大神宮では、毎年９月に、祭りの期間が約10日も続き日本で一番長い祭りといわれる“だらだら祭り”があります。芝大神宮を建立した寛弘年間（1004～1012）、周辺にはショウガ畑が広がっていて、祭りにショウガが奉納されたことから“ショウガ祭り”ともいわれています。また芝大神宮のショウガを食べると風邪を引かないといわれ参拝者の為の市も出ていました。

現在も祭りの日には縁起物としてショウガが売られています。参拝者にデモンストレーションとして“高知産のショウガ”を無料で配布するコーナーもありました。境内は山車が出て賑わい、粋な着物姿の女性が喉に良いといわれるショウガ飴などを買い求めていました。

六本木

屋上庭園に田んぼがあり、畑があります。約30分かけて、徒歩で六本木ヒルズ周辺をガイド付で巡る「六本木ヒルズ一周ウォーキングコース」に組み入れられた“けやき坂コンプレックス屋上庭園”で見ることができます。都市の空中庭園としてヒートアイランド対策に効果をもたらし、参加者は都会の喧騒をしばし忘れ、四季折々の緑と水辺の空間を体験することができます。田植えや稲刈りには近くの小学生が参加して行われているようです。私が二度目に訪れた時は、東京タワーを横目に、たわわに実った稲穂に網掛けがしてありました。すでに刈り入れを終え稲架掛けしてある稲もありました。まるで高層ビルの根元から生え出たように見えるサトイモの大きな葉は、数日前襲った台風のために幾らか傷んでいましたが立派に育っていました。時代の先端を行くＩＴ企業が入るビル屋上に、田んぼと畑が存在しているのです。農業においてもこれからはＩＴが必要な時代になっていくようです。農業の未来が開けるためのＩＴが望まれます。

■目黒区

駒場

京王井の頭線の駒場東大前で下車してすぐの所に、明治14年〜25年に駒場農学校（東京大学農学部の前身）で研究と教育に力を注いだドイツの教師オスカー・ケルネルの名を取った“ケルネル田圃”があります。近代農業発祥の地であり日本で初めて水田での肥料試験が行われたところです。2005年10月３日に地域の「こまばまつり」に合わせて、その田んぼに沢山の案山子を飾り、「かかしコンクール」が開かれました。時代を映して、金色の着物を着込んだマツケンサンバの案山子も登場していました。訪れた人に投票用紙を配布して順位を決めます。ケルネル在任当時この水田を開いて整備をしたのは群馬県富士見村出身の船津伝次平翁です。所縁ある群馬県から新鮮な野菜も届き、祭りに来た人々が買い求めていました。そこで私は古代米の黒米に出会いました。

東が丘

東急東横線の都立大学前を下車して環状七号線沿いに行くとブドウ園がありました。私が初めてこのブドウ農家に足を運んだ時のことです。真っ黒いサングラスを掛けた怖い（？）お兄さんが軽トラックの荷台の上に載って、まだ細かくゴマ粒程の大きさにしか育っていないブドウの房を手に何か作業をしていました。私が挨拶をしてから何の作業をしているのか尋ねると、粒を大きくするために房の先端を欠いて短くしているのだと教えてくれました。欠いたブドウの房端が目に入らないようにする為と、空を向いての作業になるので黒いサングラスをしていたのです。脅かそうとしていた訳ではないのだと理由がわかってほっとしました。芽かきしたブドウの房は塩で漬けると美味しいのだと教えてくれました。ブドウ棚の下に、その昔おいらん道中で履かれていた高さのある下駄のようなサンダルが２対置いてありました。ブドウがもっと大きくなってから作業する時に丁度良い高さで作業するための履物だそうです。

八雲

新築中のマンションの前に比較的大きな市民農園がひろがってい

目黒区東が丘　2005. 5. 10

ます。細かく区切られた敷地にインゲンの支柱や、トマトの支柱が並んでいます。まだ苗は植えられたばかりで小さく支柱ばかりが目立っています。よく見てみると苗の縛り方、支柱の立て方、畝の作り方など、どれ一つを取り上げてもおのおの個性があり面白いと思いました。どんな人が育てているのか色々想像を膨らませ、実り多い収穫を祈りました。

〔参考文献〕
『江戸・東京ゆかりの野菜と花』1992年　(社)農山漁村文化協会
『江戸・農業名所めぐり』2002年　(社)農山漁村文化協会

あとがき

東京23区の「農」の四季を撮ってきたうえで思い出されるのは、冬を表す写真です。冬を端的に表すのは雪景色ですが、例年、東京に雪が降る日は数えるほどしかありません。ただただその日が来るのを待つしかないのです。「明日、東京地方は雪になるかも知れません」とあやふやな天気予報だったので期待はしていなかったのですが、翌朝５時に目をさまし窓から外を見ると雪が降っていました。顔も洗わずに５時半の始発バスに乗り込みましたが、電車に乗り、都内に近づくにしたがって雪の降りかたはだんだん心細くなってきました。「降って！　降ってて！」と心の中で叫び続けながら電車を乗り継ぎました。車窓から見える屋根の雪はいっそう少なくなり、やっと目的地にたどり着いた時は、すっかり止んでしまいました。
「明日は大雪の恐れ」と予報が出ました。いよいよ明日に望みをかけます。準備万端で朝を迎えました。降っている、降っている！　ようやく雪らしい雪。長靴をはき、大きめの傘をさし、三脚を小脇にかかえこんで始発のバスに乗り込みました。私の心は晴天です。目的地についても雪は降り続き、激しさを増していました。長い長靴にも容赦なく雪が入り込み、足の感覚がなくなってきましたが、夢中になって撮りつづけ、４時ごろやっと昼食をとりました。私は満足して帰途に就きましたが、翌日から風邪で一週間ほど寝込んでしまいました。

それからまたしばらくして雪らしい雪が降りました。その日も私は始発に乗り込んでいました。

私は色々な人に助けられて東京23区の「農」を撮ることが出来ました。「農」を探す旅は人との関わりの大切さと新たな発見を確認する旅でもありました。東京23区で出会った皆さま本当にありがとうございました。

心からお礼を申し上げます。

東京「農」23区取材マップ

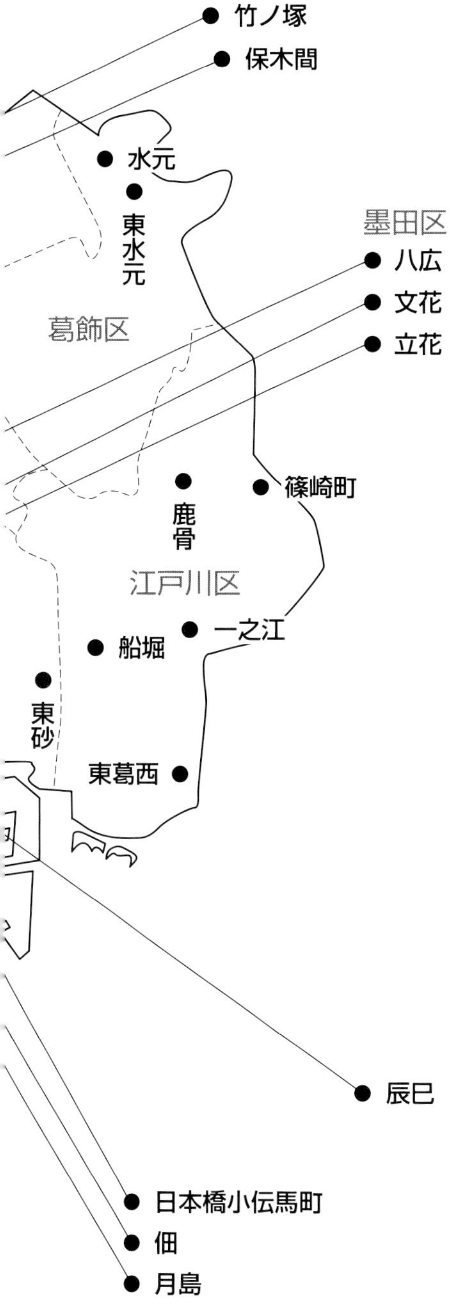

［撮影期間］
2005.2.18〜2006.4.10

著者プロフィール

髙橋 淳子（たかはし じゅんこ）

1947年　山形県生まれ。５歳の時上京。独身時代の20年間を下町で過ごす。演歌歌手として地方回りを経験後ＯＬに転向、三菱商事、松下電工に勤務。結婚後、自宅、手芸店等にて編み物講師を10年間続ける。

1994年　絵画の勉強に使いたいと、一眼レフカメラを購入、写真の魅力にとりつかれる。

2002年　ライフワークとして日本の「農」を撮り始めフリーの写真家となる。

2004年　写真展「東京近郊で生きる農民たち」東京新宿ペンタックスフォーラムにて開催。

2004年　写真集『東京近郊農家』（東方出版）出版。

その他　カメラ雑誌、農業関係団体・企業、一般企業、学校等に広く写真提供。高校、大学、市民大学等で写真展及び講演。

受賞　1996年　千葉県勤労者美術展　労働大臣賞
　　　2000年　全国公募団体三軌展　三軌会賞
　　　他　入賞入選多数

所属団体　社団法人　日本写真家協会（ＪＰＳ）会員
　　　　　社団法人　日本写真協会（ＰＳＪ）会員

東京「農」23区

2007年６月15日　初版第１刷発行
2007年７月20日　初版第２刷発行

著　者　髙橋 淳子
発行者　瓜谷 綱延
発行所　株式会社文芸社
〒160-0022　東京都新宿区新宿１－10－１
電話　03-5369-3060（編集）
03-5369-2299（販売）

印刷所　図書印刷株式会社

ISBN978-4-286-02928-3